TOK TOK BOOK 톡톡북

Vol.1

AMPHIBIANS

한국양서파충류협회 X 다흑

PREFACE 들어가는 말

양서파충류 톡톡북(TOK TOK BOOK) 시리즈는 작은 생명의 소중함을 알고, 새로운 세계에 대한 열린 마음이 있는 여러분을 위하여 탄생했습니다.

낯설지만 우리 곁에 함께해온 존재들, 그 친구들의 매력을 톡톡북(TOK TOK BOOK)에서 찾아보세요.

저자 일동

* 도서의 수록 종과 이미지 출처는
   QR코드로 확인하세요!

PREVIEW 미리보기

톡(TOK)! 톡(TOK)!
점선을 따라 살짝
뜯어보세요.

어느새 완성된
나만의
양서파충류 컬렉션

PREVIEW 미리보기

색칠하여 완성하는
나만의 양서파충류 친구

STRUCTURE 이 책의 구성

생태 분류

✂ 점선대로 톡톡 뜯어보세요.

종의 특성

활동시기 ☀ 먹이 🐜 🪰 🐛

활동시기 & 먹이

밝은 노란색과 검은색의 화려한 대비를 가진 독화살 개구리로 이 또한 자신의 몸에 독이 있음을 알리는 경고색입니다. 노란색과 검정색이 호박벌의 무늬처럼 보인다고 해서 호박벌(범블비, Bumblebee) 독화살 개구리라고도 불립니다. 이 무늬들은 사람의 지문처럼 각각의 개구리들이 모두 다릅니다. 이들은 소규모로 무리 지어 생활하고 다른 독화살 개구리보다 낮은 습도에서도 버틸 수 있으며 튼튼한 편입니다.

종별 특징

학　명 : *Dendrobates leucomelas*
원산지 : 남미 북부 베네수엘라
크　기 : 평균 3~5㎝ 내외
생　태 : 열대우림 바닥에서 생활, 수영은 하지 못함

서식지

생태 분류

종 명

옐로 밴디드 포이즌 다트 프록

Yellow-banded Poison Dart Frog

✂ 점선대로 톡톡 뜯어보세요.

Coloring

자유롭게 색칠해보세요.

ECOLOGICAL ICON 생태 아이콘

활동시기

주행성　　일몰/일출　　야행성　　우기

식물성 먹이

나뭇잎　물풀　풀　꿀　열매　나무수액　꽃　선인장　씨앗

충식성 먹이

파리　딱정벌레　개미　귀뚜라미　거미　나비　나방

ECOLOGICAL ICON 생태 아이콘

육식성 먹이

핑키

설치류

소형 포유류

대형 포유류

조류

새알

개구리

도롱뇽

도마뱀

도마뱀붙이

뱀

지렁이

민달팽이

달팽이

다슬기

조개

물고기

갑각류

골든 포이즌 다트 프록

Golden Poison Dart Frog

활동시기 ☀   먹이 🐜 🪰 🦗 🪳

독화살 개구리라는 명칭은 남미의 원주민들이 이 개구리의 독(바트라코톡신, Batrachotoxin)을 입으로 부는 화살의 화살촉에 발라 사냥을 한 것에서 유래되었습니다. 모든 종류의 독화살 개구리가 다 독을 가지고는 있지만 이런 용도로 사용된 것은 특별히 독이 강하고 크기가 큰 황금 독화살 개구리가 가장 잘 알려져 있습니다. 독화살 개구리의 독은 다른 동물들과 달리 야생에서 독성 식물을 먹은 진딧물이나 개미, 풍뎅이 등 곤충들을 먹음으로써 얻게 되는 것으로, 독성이 없는 먹이만을 먹게 되면 그 독성을 잃습니다.

학 명 : *Phyllobates terribilis*
원산지 : 남미 콜롬비아
크 기 : 평균 6㎝
생 태 : 열대우림 바닥에서 생활, 수영은 하지 못함

골든 포이즌 다트 프록

Golden Poison Dart Frog

Coloring

옐로 밴디드 포이즌 다트 프록

Yellow-banded Poison Dart Frog

활동시기 ☀ 먹이

밝은 노란색과 검은색의 화려한 대비를 가진 독화살 개구리로 이 또한 자신의 몸에 독이 있음을 알리는 경고색입니다. 노란색과 검정색이 호박벌의 무늬처럼 보인다고 해서 호박벌(범블비, Bumblebee) 독화살 개구리라고도 불립니다. 이 무늬들은 사람의 지문처럼 각각의 개구리들이 모두 다릅니다. 이들은 소규모로 무리 지어 생활하고 다른 독화살 개구리보다 낮은 습도에서도 버틸 수 있으며 튼튼한 편입니다.

학 명 : *Dendrobates leucomelas*
원산지 : 남미 북부 베네수엘라
크 기 : 평균 3~5㎝
생 태 : 열대우림 바닥에서 생활, 수영은 하지 못함

옐로 밴디드 포이즌 다트 프록

Yellow-banded Poison Dart Frog

Coloring

그린 앤 블랙 포이즌 다트 프록

Green and Black Poison Dart Frog

활동시기 ☀ **먹이** 🐜 🪰 🪰

녹색과 검정색 독화살 개구리라고 불리지만 같은 종에서도 다양한 색상 변이를 보이는 종입니다. 녹색 부분이 밝은 녹색부터 민트색, 연한 하늘색을 가지기도 하고 검정색 부분이 갈색을 띠기도 합니다. 이렇게 다양한 색 변이 때문에 오래 전부터 관상 목적으로 사육되어 온 종이랍니다. 원래 중미 코스타리카와 파나마를 거쳐 콜롬비아 북서부까지 습한 저지대에서 서식하였으나 1932년에 모기 퇴치를 목적으로 하와이의 오아후섬에 풀어 주게 되었고, 마우이섬까지 퍼지게 되었습니다.

학 명 : *Dendrobates auratus*
원산지 : 중미부터 남미, 하와이에도 도입
크 기 : 평균 3~4㎝
생 태 : 열대우림 바닥에서 생활, 수영은 하지 못함

그린 앤 블랙 포이즌 다트 프록

Green and Black Poison Dart Frog

Coloring

블루 포이즌 다트 프록

Blue Poison Dart Frog

활동시기 -☀- **먹이** 🐜 🪰 🪰

푸른 독화살 개구리는 독화살 개구리 중 중간 크기에 속하며 매우 독특한 몸의 형태를 가지고 있습니다. 'Tinctorius(팅크토리우스)'에 속하는 개구리들은 구부정하게 척추가 꺾여 있는 체형에 평평한 등을 가지고 있어 전체적으로 각이 진 형태를 보입니다. 이런 특징은 암컷과 수컷의 차이가 더 큰데 암컷이 수컷보다 몸집이 크고 등이 꺾인 각도도 더 큰 반면 수컷은 암컷에 비해 완만한 등의 각도를 가지고 있습니다. 아름다운 푸른색으로 독화살 개구리 중 가장 잘 알려져 있고 영화 아바타에 나오는 나비족과 비슷하다고 해서 별칭으로 '아바타 개구리'라고 불리는 종입니다.

학 명 : *Dendrobates tinctorius azureus*
원산지 : 남미의 수리남, 프랑스령 기아나
크 기 : 평균 3~5㎝
생 태 : 열대우림 바닥에서 생활, 수영은 하지 못함

블루 포이즌 다트 프록

Blue Poison Dart Frog

Coloring

스트로베리 포이즌 다트 프록

Strawberry Poison Dart Frog

활동시기 ☀ 먹이 🦗 🪰 🪰

딸기 독화살 개구리라는 이름에서 알 수 있듯이 선명한 빨간색이 대표적이나 아종에 따라 녹색, 파란색 등 다양한 색을 가지고 있는 소형 독화살 개구리입니다. 암수가 짝을 이루면 헌신적으로 올챙이를 돌보는 것으로 알려져 있는데 축축한 낙엽 위에 알을 낳고 수컷은 알이 부화할 때까지 알이 마르지 않게 지킵니다. 올챙이가 부화되면 수컷은 올챙이를 등에 업고 항상 물이 고여 있는 브로멜리아드라는 파인애플과 기생 식물의 중앙 물웅덩이에 올챙이를 옮기고, 암컷은 주기적으로 무정란을 낳아서 올챙이를 기르는 것으로 알려져 있습니다.

학 명 : *Oophaga pumilio almirante*
원산지 : 중미 니카라과, 코스타리카, 파나마 북부
크 기 : 평균 3~5㎝
생 태 : 열대우림 바닥에서 생활, 수영은 하지 못함

스트로베리 포이즌 다트 프록

Strawberry Poison Dart Frog

Coloring

골든 만텔라 프록

Golden Mantella Frog

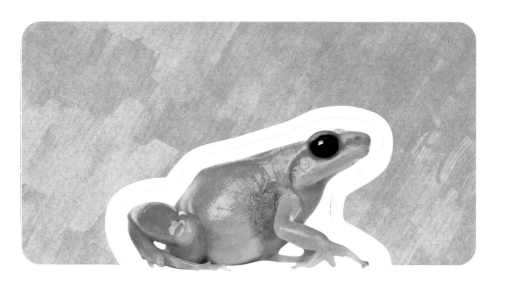

활동시기 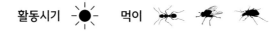 **먹이**

이름에서 알 수 있듯 밝은 황금색의 노란색을 띠지만 진한 주황색이나 붉은색을 띠는 개체들도 있습니다. 화려한 색을 띠고 먹이를 통해 피부에 독을 생성한다는 점이 독화살 개구리와 비슷한 특징을 가져서 일종의 수렴 진화의 형태라고 할 수 있습니다. 생활하는 방식이나 번식 방법은 독화살 개구리와 차이점을 보이는데 야생에서는 암수가 따로 무리 지어 살다가 비가 오고 온도가 올라가는 시기에 물가에 모여서 짝짓기를 합니다. 물가의 축축한 낙엽이나 이끼 위에 암컷이 20~60개 정도의 알을 낳으며, 알은 2주 후 부화하여 비가 오면 빗물에 휩쓸려 물속으로 들어가 조류나 작은 수생곤충을 먹으며 성장합니다.

학　명 : *Mantella aurantiaca*
원산지 : 마다가스카르
크　기 : 평균 3~5㎝
생　태 : 열대우림 바닥에서 생활

골든 만텔라 프록

Golden Mantella Frog

Coloring

블루렉 만텔라 프록

Blue-legged Mantella Frog

활동시기 ☀ 먹이 🐜 🪰 🪰

푸른 다리 만텔라 개구리의 생김새는 독이 있음을 알리는 화려한 색을 가지고 있는데 머리 뒤쪽과 윗부분은 노란색이며 다리는 파란색, 머리부터 옆면은 검은색, 배 밑면은 파란색 반점이 있는 검은색입니다. 개구리마다 조금씩 색상의 차이를 가지며 다리의 푸른 부분이 흐리거나 등 부분이 담황색인 개체도 있습니다. 이 푸른 다리 만텔라는 해발 700~1,000m 고도의 습한 협곡에 서식합니다. 주로 폭포나 강 옆 바위가 많은 암석지대에 서식하며 축축한 바위 위에 알을 낳고 개울 물웅덩이에서 올챙이들이 자라나게 됩니다.

학 명 : *Mantella expectata*
원산지 : 마다가스카르
크 기 : 평균 3~5㎝
생 태 : 열대우림 바닥에서 생활, 수영은 하지 못함

블루렉 만텔라 프록

Blue-legged Mantella Frog

Coloring

아르헨티나 혼드 프록

Argentine Horned Frog

활동시기 (먹이

아메리카 뿔개구리라고도 불리며 눈 위의 뾰족한 돌기 때문에 뿔개구리라는 이름이 붙여졌습니다. 몸에 비해 큰 입을 가지고 있으며 자신보다 작은 것이라면 닥치는 대로 먹으려고 하는 대식가입니다. 어린 개체들도 성체에게 사냥당할 수 있으며, 이들은 적극적으로 사냥하기보다는 가만히 숨어 먹이를 기다리는 편입니다. 주로 몸을 땅에 반쯤 묻고 먹잇감을 기다리며 날카로운 이빨로 자신과 거의 비슷한 크기의 먹이까지도 사냥을 하며 먹이를 유인하기 위해 뒷발가락을 벌레처럼 꿈틀거리며 움직이는 유인책을 쓰기도 합니다. 천적을 만났을 때는 몸을 부풀리고 굉장히 날카롭고 큰소리로 위협합니다.

학 명 : *Ceratophrys ornata*
원산지 : 아르헨티나, 우루과이, 브라질
크 기 : 평균 16~18㎝
생 태 : 물가 습지에서 생활, 수영은 잘하지 못함

아르헨티나 혼드 프록

Argentine Horned Frog

Coloring

수리남 혼드 프록

Surinam Horned Frog

활동시기 🌙   **먹이** 🦗 🐟 🐸 🐭

아르헨티나 뿔개구리와 사촌 간이며 눈 위의 뿔 돌기가 더 크고 뾰족합니다. 몸의 색상은 낙엽처럼 갈색을 띠거나 초록색을 띠는 개체도 있습니다. 얼핏 보면 아르헨티나 뿔개구리와 비슷해 보이지만 수리남 뿔개구리는 턱밑이 검은색을 띠기 때문에 쉽게 구분할 수 있습니다. 이런 외모의 차이는 있지만 습성은 거의 같아서 주로 한 곳에 조용히 숨어 있다가 먹이가 다가오면 사냥하는 방식으로 먹잇감을 사냥합니다. 아르헨티나 뿔개구리와 마찬가지로 천적을 만났을 때는 몸을 부풀리고 굉장히 날카롭고 큰소리로 위협합니다.

학 명 : *Ceratophrys cornuta*
원산지 : 남미 아마존 일대
크 기 : 평균 16~18㎝
생 태 : 물가 습지에서 생활, 수영은 잘하지 못함

수리남 혼드 프록

Surinam Horned Frog

Coloring

버젯 프록

Budgett's Frog

활동시기 🌙   먹이

1899년 영국의 동물학자 존 버젯에 의해 최초로 알려지게 되어 버젯 프록으로 명명되었습니다. 전체적인 체형은 3등신으로 납작하고 전체 크기의 1/3에 이르는 커다란 머리를 가지고 있습니다. 위턱에는 커다란 잇몸이 있고 아래턱에는 두 개의 커다란 이빨이 있습니다. 물속 생활에 유리하도록 눈과 콧구멍은 위쪽을 향해 나 있고, 네 다리는 몸에 비해 상대적으로 짧고 물갈퀴는 뒷다리에만 발달되어 있습니다. 헤엄을 칠 때 앞발은 거의 사용하지 않고 주로 먹이를 사냥할 때 사용합니다. 이 개구리는 식욕이 매우 강하며 삼킬 수 있는 모든 생물은 먹잇감이 됩니다.

학 명 : *Lepidobatrachus laevis*
원산지 : 파라과이 남부, 볼리비아에서 흔히 발견되고
　　　　 아르헨티나에서는 북부에서 드물게 발견
크 기 : 평균 9~14㎝, 수컷은 암컷에 비해 작음
생 태 : 물속에서 생활

버젯 프록

Budgett's Frog

Coloring

말레이시안 혼드(리프) 프록

Malayan Horned(Leaf) Frog

활동시기 🌙 **먹이**

'말레이시아 뿔개구리, 말레이시아 낙엽개구리, 긴 코 뿔개구리' 등 독특한 외모 때문에 여러 이름으로 불립니다. 코와 눈 위쪽의 피부가 뿔처럼 튀어나와 뿔개구리라고 불리거나 낙엽과 비슷한 외모 때문에 낙엽개구리라고 불립니다. 이런 몸의 색과 형태는 열대우림 바닥의 썩은 잎과 비슷해서 훌륭한 보호색이 됩니다. 뾰족한 뿔 때문에 사나워 보이는 인상을 가지고 있지만 실제로는 겁이 많고 상당히 온순한 개구리입니다. 보호색을 이용하여 낮 동안에는 낙엽 더미 밑에 숨어 쉬다가 밤에 활동하며 주로 작은 곤충이나 지렁이 같은 먹이를 사냥합니다.

학 명 : *Megophrys nasuta*
원산지 : 말레이시아 반도, 싱가포르, 수마트라, 보르네오섬,
　　　　　태국 남부
크 기 : 평균 수컷 10㎝, 암컷 16~18㎝
생 태 : 축축한 땅 위에서 생활, 움직임이 거의 없음

말레이시안 혼드(리프) 프록

Malayan Horned(Leaf) Frog

Coloring

솔로몬 아일랜드 리프 프록

Solomon Island Leaf Frog

활동시기 🌙   **먹이**

솔로몬 제도 낙엽 개구리 혹은 '솔로몬 제도 속눈썹 개구리'라고 불립니다. 머리는 위에서 보면 턱이 튀어나와 삼각형을 띱니다. 남미에 서식하는 수리남 뿔개구리(Surinam Horned Frog)와 유사하게 생겼으며 습성 또한 비슷합니다. 낙엽과 유사한 연한 갈색부터 금빛의 노란색, 녹색 등 개체별로 다른 색상을 가지고 있으며 납작한 몸과 나뭇잎과 유사한 피부 질감, 색으로 완벽한 위장을 할 수 있습니다. 이 개구리의 번식 방법은 일반적인 개구리와 다르답니다. 짝짓기 후 10~60개의 완두콩만한 큰 알을 나무 밑 축축한 땅에 파고 낳는데 그 알 안에서 변태의 과정이 다 이뤄지고 6~8주 후에 개구리가 되어서 알 밖으로 나오게 됩니다.

학 명 : *Ceratobatrachus guentheri*
원산지 : 솔로몬 제도와 파푸아뉴기니, 부겐빌, 부카 제도
크 기 : 평균 수컷 7~8㎝, 암컷 10㎝
생 태 : 열대우림 바닥의 잎사귀 더미 위에서 위장

솔로몬 아일랜드 리프 프록

Solomon Island Leaf Frog

Coloring

아시안 페인티드 불 프록/처비 프록

Asian Painted Bull Frog/Chubby Frog

활동시기 🌙 　**먹이** 🐜 🪲 🦟

살찐 개구리 혹은 아시아의 화려한 황소개구리라고도 불리며 맹꽁이과에 속하는 개구리입니다. 또한 머리와 몸통의 구별이 어려운 동글동글한 체형 때문에 '풍선 개구리(Bubble Frog)'라는 별명으로도 불립니다. 개구리 중 맹꽁이들은 주로 땅속에 굴을 파고 생활하다가 비가 오면 밖으로 나와 활동하는 특징이 있습니다. 이런 맹꽁이답게 재빠르게 땅을 팔 수 있도록 뒷다리가 발달되어 있습니다. 맹꽁이류는 일반적인 개구리보다 몸에 비해 입이 작아서 자연 상태에서는 주로 개미와 흰개미 등 작은 곤충을 먹는 것으로 알려져 있습니다.

학　명 : *Kaloula pulchra*
원산지 : 필리핀 등 동남아시아
크　기 : 평균 수컷 4~5㎝, 암컷 6~7㎝
생　태 : 거의 땅속에서 지내다 저녁에 활동

아시안 페인티드 불 프록/처비 프록

Asian Painted Bull Frog/Chubby Frog

Coloring

토마토 프록

Tomato Frog

활동시기 🌙　먹이

토마토 개구리는 이름처럼 토마토와 같은 붉은 몸의 색을 나타내는 맹꽁이 종으로 통통한 몸통과 큰 눈, 작은 입을 가지고 있습니다. 다른 맹꽁이들처럼 눈과 입 끝의 거리가 짧아 귀여운 인상을 가지고 있습니다. 뚱뚱한 체형에서 알 수 있듯이 수영은 잘하지 못하며 주로 축축한 흙속에 몸을 묻고 생활하다가 비가 내리면 땅 위로 나와 생활합니다. 야생에서 천적을 만나면 몸을 부풀리고 피부에서 상대방 입을 마비시키는 독성이 있는 하얗고 끈적한 점액질을 뿜어내 몸을 방어합니다.

학　명 : *Dyscophus guineti*
원산지 : 마다가스카르
크　기 : 평균 수컷 6㎝, 암컷 10㎝
생　태 : 축축한 땅 위

토마토 프록

Tomato Frog

Coloring

아프리칸 자이언트 불 프록/픽시 프록

African Giant Bull Frog/Pixie Frog

활동시기 🌙 **먹이**

아프리카 황소개구리는 질긴 피부와 커다란 입, 그리고 뾰족한 이빨이 있어서 자기보다 작은 생물은 닥치는 대로 잡아먹는 포식자입니다. 다른 개구리와 달리 수컷이 암컷보다 몸집이 크고 수컷은 각자 자기의 영역을 지키며 여러 마리 암컷과 교미를 합니다. 그리고 암컷들이 낳아놓은 알이 부화할 때까지 밤낮으로 지킵니다. 다른 동물들에게는 공격적이지만 자식에게는 헌신적인 아버지로 올챙이들이 작은 개구리가 될 때까지 돌보는 부성애가 아주 강한 개구리입니다.

학 명 : *Pyxicephalus adspersus*
원산지 : 중앙아프리카와 남아프리카
크 기 : 평균 수컷 20~25㎝, 암컷 10~13㎝
생 태 : 물가에서 생활, 수컷이 영역을 가지고 여러
　　　　 암컷과 번식

아프리칸 자이언트 불 프록/픽시 프록

African Giant Bull Frog/Pixie Frog

Coloring

베트남 모시 프록

Vietnamese Mossy Frog

활동시기 🌙 먹이

'이끼 개구리' 혹은 '사마귀 나무 개구리'는 어두운 녹색과 밝은 녹색의 얼룩무늬를 가지고 있고 피부는 우둘투둘한 돌기로 덮여 있어 이끼와 비슷하게 보이는 보호색 역할을 합니다. 고도 700~1,500m 이상의 가파른 산악 석회암 바위지대에서 주로 서식합니다. 번식은 자연 상태에서는 바위 사이의 구덩이나 나무 구멍에 고인 물에서 이루어집니다. 암컷은 1회에 10~30개 정도의 알을 낳으며, 알은 1~2주 안에 부화합니다. 부화 후 올챙이에서 개구리로 변태하는 데는 약 5~8개월 정도가 소요됩니다.

학 명 : *Theloderma corticale*
원산지 : 베트남 북부, 그와 인접해 있는 라오스, 중국
일부 지역
크 기 : 평균 8~9㎝, 수컷은 암컷보다 작고 얇음
생 태 : 물과 나무를 오가며 이끼가 많은 곳을 선호함

베트남 모시 프록

Vietnamese Mossy Frog

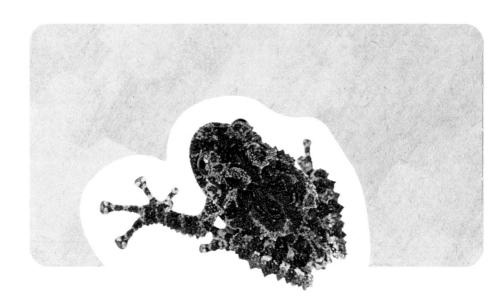

Coloring

레드 아이드 트리 프록

Red-eyed Tree Frog

활동시기   먹이

이름에서 알 수 있듯이 붉은 눈과 녹색의 등, 푸른색 옆구리와 주황색 발가락을 가지고 있는 아름다운 청개구리과 개구리입니다. 붉은색 눈은 천적을 놀라게 하는 역할을 하며 화려한 색은 독이 있는 다른 생물을 흉내 내는 행동이기도 합니다. 전체적으로 날씬한 체형을 가지고 있으며 몸에 비해 긴 다리를 가지고 있어 나무를 이동할 때 점프를 하거나 기어오르기 편리합니다. 자연 상태에서 번식은 현지의 비가 내리는 우기에 이루어집니다. 알을 물가의 나뭇잎 뒷면에 낳으며 5일 정도가 지나면 부화와 동시에 아래쪽의 물속으로 떨어져 올챙이로 성장합니다.

학 명 : *Agalychnis callidryas*
원산지 : 중미의 파나마, 코스타리카, 멕시코, 벨리즈,
         과테말라, 온두라스의 열대우림
크 기 : 평균 수컷 5㎝, 암컷 7~8㎝
생 태 : 나무 위에서 주로 나뭇잎에 매달려 생활

레드 아이드 트리 프록

Red-eyed Tree Frog

Coloring

화이트 트리 프록

White's Tree Frog

활동시기 🌙　먹이

1770년 아일랜드의 외과 의사이자 식물수집가 'John White'가 호주 탐험에 참여하여 최초로 발견한 종으로 발견자의 이름을 붙여 화이트 트리 프록(White's Tree Frog)이라고 불리게 되었습니다. 인도네시아, 파푸아뉴기니, 호주에 서식하는 청개구리며 10cm 가까이 커지는 대형 개구리입니다. 특징은 나이가 들수록 피부가 늘어나 처지는 경향이 있으며 이런 특징 때문에 시무룩한 표정을 짓는 것처럼 보여서 '우울한 청개구리(Dumpy Tree Frog)'라고도 불립니다. 주로 나무 구멍을 집으로 삼고 야간에 활동하다가 아침에는 원래 집으로 돌아오는 영역본능을 가지고 있습니다.

학　명 : *Litoria caerulea*
원산지 : 오세아니아(인도네시아, 호주 북부)
크　기 : 평균 수컷 7~8㎝, 암컷 9~10㎝
생　태 : 나무 구멍, 나무 위에서 생활

화이트 트리 프록

White's Tree Frog

아메리칸 그린 트리 프록

American Green Tree Frog

활동시기 　먹이

국내에서 서식하는 청개구리와 흡사한 외모지만 조금 더 크고 더 뾰족한 주둥이에 날씬한 체형을 가졌습니다. 특히 윗입술부터 옆구리까지 흰 줄무늬가 있으며 금색의 눈을 가지고 있습니다. 수컷보다 암컷이 약간 더 크며 일반적인 청개구리와 마찬가지로 숲이 우거진 호숫가나 습지대에 분포하고 있습니다. 귀여운 외모로 미국에서 애완동물로 사육되며 양서류를 먹고 사는 뱀들의 먹이용으로 분양되기도 합니다. 미국 청개구리는 온도와 주변 색, 기분에 따라 색을 바꿀 수 있으며 밝은 녹색이었다가 주로 어두운 갈색으로 변합니다.

학　명 : *Hyla cinerea*
원산지 : 미국 조지아, 루이지애나
크　기 : 평균 3.2~6.4㎝
생　태 : 물에 가까운 숲

아메리칸 그린 트리 프록

American Green Tree Frog

Coloring

화이트 립드 트리 프록

White-lipped Tree Frog

활동시기 🌙 먹이 🦗 🦋 🐜 🦎 🦎

'거인 청개구리(Giant Tree Frog)'라고도 불리며 세계에서 가장 크게 성장하는 청개구리입니다. 원서식지인 호주에서는 가장 덩치가 큰 개구리이기도 합니다. 등 쪽은 녹색이지만 다른 청개구리처럼 환경 조건에 따라 갈색으로 변하기도 합니다. 아랫입술에는 이름이 유래된 특유의 흰색 줄무늬가 양쪽 어깨까지 선명하게 이어져 있고 몸 상부에 산재해 있는 자잘한 돌기와 주름은 옆구리 부분에서 크고 넓어지는데 배 옆 부분의 녹색은 이 도드라진 피부로 인해 흰색이나 옅은 노란색의 반점으로 관찰됩니다.

학 명 : *Litoria infrafrenata*
원산지 : 오세아니아(인도네시아, 호주 북부)
크 기 : 평균 수컷 11~14㎝, 암컷 15㎝
생 태 : 나무 위에서 생활

화이트 립드 트리 프록

White-lipped Tree Frog

Coloring

아마존 밀크 프록

Amazon Milk Frog

활동시기   **먹이**

밝은 회색의 몸체에 밝은 점무늬가 있는 어두운 갈색 혹은 카키색 밴드 무늬를 가지고 있습니다. 다리, 팔, 손가락에서도 이런 줄무늬가 관찰되며 어린 개체는 색채의 대비가 더 선명합니다. 또한 전체적으로 푸르스름해 보이는 체색으로 인해 '푸른 우유 청개구리(Blue Milk Frog)'라는 이름으로 불리기도 합니다. 일반적으로 불리는 '밀크(Milk)'라는 이름은 그들의 몸의 색 때문이 아니라 이 속의 개구리들이 위급할 때 피부에서 유백색의 독성 물질을 분비하는 것에서 유래되었습니다. 이러한 독특한 몸의 색은 일종의 경고색이라고 할 수 있습니다.

학 명 : *Trachycephalus resinifictrix*
원산지 : 동부 수리남, 콜롬비아, 에콰도르, 프랑스령 기아나,
         가이아나, 페루, 볼리비아, 브라질
크 기 : 평균 수컷 6~7㎝, 암컷 10~12㎝
생 태 : 나무 위에서 생활

아마존 밀크 프록

Amazon Milk Frog

Coloring

빅 아이드 트리 프록

Big-eyed Tree Frog

활동시기   먹이

큰 눈 청개구리는 몸에 비해 튀어나온 큰 눈 때문에 지어진 이름입니다. 등은 어두운 녹색으로 진한 녹색의 작은 점들이 여기저기 불규칙하게 있습니다. 다리 부분의 화려한 무늬 때문에 '공작 청개구리(Peacock Tree Frog)'라고도 합니다. 이 종의 경우 같은 종이라 할지라도 색상이 다른 경우가 많으며 몸 전체가 갈색인 경우나 갈색과 녹색이 섞인 경우도 있습니다. 주로 어린 개체들은 녹색을 띠다가 나이가 들수록 갈색으로 변화하는 경우가 많습니다.

학 명 : *Leptopelis vermiculatus*
원산지 : 아프리카 탄자니아
크 기 : 평균 수컷 4㎝, 암컷 6~8㎝
생 태 : 나무 위에서 생활

빅 아이드 트리 프록

Big-eyed Tree Frog

Coloring

클라운 트리 프록

Clown Tree Frog

활동시기 🌙 **먹이** 🪰 🪰

화려한 무늬로 광대 개구리란 이름이 붙여졌습니다. 이 종들은 서식지별로 야생에서 다양한 친척들이 있습니다. 기본적으로 젤리와 같은 반투명한 피부이며 진한 주황색에 노란 얼룩이 있거나 흰 얼룩이 있습니다. 그물 무늬를 가진 종들도 있습니다. 이런 얼룩이나 무늬는 사람의 지문처럼 각 개구리마다 다릅니다. 소형 청개구리류로 남미 전역에서 서식하고 낮에는 주로 나뭇잎 뒤에 숨어 자다가 밤에 활동합니다.

학 명 : *Dendropsophus leucophyllatus*
원산지 : 남미 아마존 우림
크 기 : 평균 수컷 2㎝, 암컷 3㎝
생 태 : 나무 위에서 생활

클라운 트리 프록

Clown Tree Frog

Coloring

보르네오 이어드 프록

Borneo Eared Frog

활동시기 **먹이**

눈 뒤쪽 고막 위에 뚜렷하게 솟아오른 피부가 있어서 'Eared'라는 이름이 붙여졌습니다. 귓바퀴처럼 보이는 이 피부는 실제로 뼈의 굴곡으로 인한 것입니다. 또 하나의 특징적인 점이라면 흰색, 황갈색, 갈색, 검은색이 뒤섞인 독특한 나뭇결 무늬를 들 수 있습니다. 이 종의 주된 서식지는 열대우림의 나무 위인데 낮에 나뭇가지에 붙어 쉬는 동안 이 색깔은 최적의 보호색이 됩니다.

학　명 : *Polypedates otilophus*
원산지 : 보르네오, 인도네시아, 말레이시아
크　기 : 평균 수컷 8㎝, 암컷 10㎝
생　태 : 나무 위에서 생활

보르네오 이어드 프록

Borneo Eared Frog

Coloring

자반 글라이딩 트리 프록

Javan Gliding Tree Frog

활동시기   **먹이**

자바 날개구리는 '말레이시아 날개구리'로도 불리며 나무 위에 사는 청개구리의 일종이지만 독특한 진화를 이뤄왔습니다. 나무를 타는 종으로 흡반이 발달되어 있으며 뒷발가락에 있는 흡반은 앞발가락에 있는 것보다 작습니다. 날씬한 체형에 팔다리는 매우 길고 손가락과 발가락에 커다란 물갈퀴 같은 막이 발달해 있습니다. 이 막은 다른 종의 물갈퀴와 달리 수영을 위해서 발달한 게 아니라 자신에게 위험이 닥치면 앞다리와 뒷다리 발가락 사이에 있는 물갈퀴를 펼쳐 공기의 저항을 이용하여 안전한 곳으로 활강을 하기 위해 발달했습니다. 이렇게 활강 중에 발의 각도를 조절함으로써 180° 몸을 회전시킬 수 있고 15m 아래의 바닥까지는 별다른 무리 없이 부드럽게 착지할 수 있습니다.

학 명 : *Rhacophorus reinwardtii*
원산지 : 보르네오, 인도네시아, 말레이시아
크 기 : 평균 수컷 3~5㎝, 암컷 6㎝
생 태 : 나무 위에서 생활, 이동 시 물갈퀴 방향을
　　　　　조절하며 활강

자반 글라이딩 트리 프록

Javan Gliding Tree Frog

Coloring

왁시 몽키 트리 프록

Waxy Monkey Tree Frog

활동시기 🌙 먹이 🦗 🦋

밀랍 원숭이 나무 개구리(청개구리)는 밀랍(wax) 개구리 중 가장 대중적으로 알려진 종이며 건조한 환경에 취약한 다른 개구리들과 달리 몸에서 피부의 수분 증발을 막는 피부 물질(wax)을 분비하여 온몸에 바르고 일광욕을 하는 특징 때문에 밀랍 개구리라는 이름이 붙여졌습니다. 이런 습성은 곰팡이성 질병에 취약한 다른 양서류들에 비하면 야생에 살아남기 위한 뛰어난 전략입니다. 피부에서 분비되는 물질은 약한 독성이 있어서 개구리를 잡아먹는 천적에게 구토를 유발합니다. 야행성이며 나무 위에 사는 개구리로 원숭이 나무 개구리라는 이름처럼 점프를 하기보다는 주로 나무 위를 느릿느릿 걸어 다닙니다.

학 명 : *Phyllomedusa sauvagii*
원산지 : 아르헨티나, 볼리비아, 파라과이, 브라질
크 기 : 평균 수컷 7~8㎝, 암컷 9~10㎝
생 태 : 나무 위에서 생활

왁시 몽키 트리 프록

Waxy Monkey Tree Frog

Coloring

자이언트 왁시 몽키 트리 프록

Giant Waxy Monkey Tree Frog

활동시기 🌙 먹이 🦗 🦋

거인 밀랍 원숭이 나무 개구리는 밀랍 나무 개구리 중 가장 대형종입니다. 다른 밀랍 나무 개구리들과 달리 각이 진 체형을 가지고 있으며 등은 녹색을 띠지만 몸의 아랫부분은 흰색을 띱니다. 특히 이 종은 과거 현지 원주민이 특정 의식을 치를 때 사용되었는데 피부에 날카로운 피라냐 물고기의 이빨로 일부러 상처를 낸 후 개구리의 몸에서 분비되는 피부 물질을 채취하여 바르는 의식이 있었습니다. 이때 피부에 스며든 개구리의 약한 독성이 환각과 구토를 유발하고, 이 과정을 통해 몸과 마음이 정화된다고 믿었다고 합니다.

학 명 : *Phyllomedusa bicolor*
원산지 : 아르헨티나, 볼리비아, 파라과이, 페루, 브라질
크 기 : 평균 수컷 9~10㎝, 암컷은 11~12㎝
생 태 : 나무 위에서 생활

자이언트 왁시 몽키 트리 프록

Giant Waxy Monkey Tree Frog

Coloring

타이거 렉 몽키 트리 프록

Tiger Leg Monkey Tree Frog

활동시기   **먹이** 🦗

호랑이 다리 원숭이 나무 개구리는 밀랍 나무 개구리의 일종이며 몸의 옆면과 허벅지, 종아리 내부에 나타나는 검은색 줄무늬가 가장 큰 특징입니다. 이 주황색 바탕 위의 선명한 검은 줄무늬는 종명의 유래가 된 것으로 매우 특징적입니다. 몸의 하단부는 흰색으로 시작하여 아래턱에서 앞다리 시작 위치까지 이어지며, 그 아래 부분은 주황색이며 때로는 검은 점무늬가 불규칙하게 나타납니다. 이런 특징 때문에 호랑이 다리 원숭이 나무 개구리라는 이름이 붙여졌습니다. 다리는 길고 발가락은 주황색이고 여기에도 검은색 무늬가 관찰됩니다.

학　명 : *Phyllomedusa hypochondrialis*
원산지 : 아마존 열대우림 전체에 광범위
크　기 : 평균 수컷 4~5㎝, 암컷 6㎝
생　태 : 나무 위에서 생활

타이거 렉 몽키 트리 프록

Tiger Leg Monkey Tree Frog

Coloring

리겐바흐 리드 프록

Riggenbach's Reed Frog

활동시기 🌙　**먹이** 🪰 🪰

아프리카 갈대 개구리 혹은 풀 개구리(Hyperolius)라고 불리는 이 속의 개구리는 150종 이상을 포함하는 그룹이며, 굉장히 다양한 체색을 가지고 있는 소형 개구리류입니다. 습지 갈대밭에서 서식하며 작은 곤충들을 먹고 삽니다. 암컷과 수컷의 몸의 체색이 다른 종으로 수컷은 몸 전체가 연두색을 띠는 녹색이며 코부터 눈 위를 지나는 밝은 줄무늬를 갖고 있습니다. 반면 암컷의 배는 주황색을 띠고 등은 검은색에 회색의 어지러운 줄무늬를 갖고 있습니다. 번식기 때 수컷들은 체구에 비해 큰 소리로 울기 때문에 멀리서도 들을 수 있습니다. 이는 자신이 튼튼한 수컷이라는 것을 과시하는 행동입니다.

학　명 : *Hyperolius riggenbachi*
원산지 : 중앙아프리카
크　기 : 평균 2~2.5㎝, 암컷이 수컷보다 큼
생　태 : 습지대 물가, 갈대숲에서 생활

리겐바흐 리드 프록

Riggenbach's Reed Frog

Coloring

그래눌라 글라스 프록

Granular Glass Frog

활동시기 🌙 **먹이** 🪰 🪰

유리 개구리(Glass Frog)는 유리 개구리과에 속하는 양서류의 총칭이며 12속 152종으로 이루어져 있습니다. 유리 개구리라는 이름에서 알 수 있듯 온몸이 반투명한 젤리와 같고 등은 연녹색이며 배 부분은 흰색입니다. 배 부분 피부는 더욱 투명해서 내부 장기는 물론 알까지도 눈으로 볼 수 있는 젤리처럼 투명한 개구리로 알려져 있습니다. 이런 투명한 피부는 나뭇잎 위에 앉아 있을 때 빛이 투과되어 천적들이 개구리를 쉽게 알아보지 못하게 하는 효과가 있습니다. 또 다른 특징은 일반적인 개구리들과 달리 눈이 정면을 향하고 있다는 것입니다.

학 명 : *Cochranella granulosa*
원산지 : 온두라스, 니카라과, 코스타리카, 파나마
크 기 : 평균 2~2.5㎝, 암컷이 수컷보다 큼
생 태 : 나무 위에서 생활

그래눌라 글라스 프록

Granular Glass Frog

수리남 토드

Surinam Toad

활동시기 🌙 **먹이** 🐟 〰️

국내에서는 '피파피파'라는 학명으로 불립니다. 'Pipa'란 포르투갈어로 '연(鳶)'을 의미하는데 몸이 납작하고 직사각형으로 넓적해서 이 이름이 유래되었습니다. 원시적인 개구리로 혀와 이빨, 눈꺼풀, 고막이 없으며 몸의 측면에 선형으로 발달된 측선으로 물속의 다른 동물의 움직임을 감지합니다. 평생 물속에서 생활하며 혀와 이빨이 없기 때문에 연못 바닥을 헤쳐 먹이를 찾거나 찾은 먹이를 입으로 가져갈 때 앞다리를 사용합니다. 교미를 하고 수컷이 알을 암컷의 등에 올려놓으면 피부가 부풀어 알을 덮고, 그 안에서 변태한 새끼들이 어미의 피부를 뚫고 나오는 놀라운 방식으로 번식합니다.

학　명 : *Pipa pipa*
원산지 : 볼리비아, 브라질, 에콰도르, 콜롬비아, 페루,
　　　　 수리남, 베네수엘라, 트리니다드 토바고, 프랑스령
　　　　 기아나 일대
크　기 : 평균 수컷 10~17㎝, 암컷 20㎝
생　태 : 물속에서 생활

수리남 토드

Surinam Toad

Coloring

오리엔탈 파이어 벨리 토드

Oriental Fire-bellied Toad

활동시기 　먹이

무당개구리는 우둘투둘한 피부에 독이 있어 영문명에는 두꺼비를 지칭하는 'Toad'가 들어가지만 무당개구리과에 속하는 개구리입니다. 우리나라의 고도가 높은 산 근처 강이나 물웅덩이에서 주로 서식합니다. 과거에는 논이나 깨끗한 계곡 등지에서 흔히 보이는 종이었으나 현재는 서식지 파괴와 고온 현상으로 그 수가 줄어들고 있습니다. 무당개구리는 붉은색과 검은색이 불규칙한 무늬를 가진 배 색상을 가지고 있는데 이는 독을 가지고 있음을 암시하며 천적을 만날 때 뒤집어져서 배를 보여주는 행동을 합니다.

학　명 : *Bombina orientalis*
원산지 : 대한민국, 중국 북부, 러시아
크　기 : 평균 4~5㎝
생　태 : 축축한 땅과 물을 오감

오리엔탈 파이어 벨리 토드

Oriental Fire-bellied Toad

Coloring

아시아 토드

Asiatic Toad

활동시기 ☀️ **먹이** 🦗 🪳 🪱 🐌

두꺼비는 다른 개구리와 달리 잘 뛰지 못하며 보통 엉금엉금 기어다닙니다. 우리나라에선 동화에도 자주 등장하는 친숙한 동물로 해충을 잡아먹고 살고, 액을 막아주며 복을 상징하기도 하는 동물입니다. 두꺼비류는 피부에 부포톡신(Bufotoxin)이라는 독이 있는 물질을 내뿜는데 이 때문에 다른 양서류에 비해 천적이 적으며 특히 뱀 종류한테 이 독성이 매우 효과적입니다. 그러나 천적이 아주 없는 것은 아닙니다. 꽃뱀으로 불리는 유혈목이나 능구렁이 등의 두꺼비 독에 면역이 있는 뱀이 특히 무서운 천적이며 몸집이 큰 쥐 같은 설치류, 때까치, 들고양이, 들개 등도 천적입니다.

학　명 : *Bufo gargarizans*
원산지 : 중국 북부, 러시아 동남부
크　기 : 평균 8~12㎝
생　태 : 땅 위에서 생활하며 움직임이 느리고 거의
　　　　걸어 다님

아시아 토드

Asiatic Toad

Coloring

케인 토드

Cane Toad

활동시기   먹이   🦫

사탕수수 두꺼비(Cane Toad)라는 이름은 이 두꺼비를 이용해 구제하려고 했던 사탕수수 풍
뎅이(Cane Beetle)에서 유래되었습니다. 사탕수수 두꺼비의 원래 서식지는 중미였으나 이 두
꺼비를 이용하여 사탕수수 풍뎅이를 없앨 목적으로 호주 야생에 풀어줬습니다. 하지만 먹성이
엄청나고 피부의 부포톡신(Bufotoxin)이라는 강한 독 때문에 천적이 없어서 호주 야생에 그 수
가 엄청나게 늘어나게 되었고 생태계를 교란시키는 결과를 만들어 냈습니다. 기본적으로 모든
두꺼비가 피부에 독을 가지고 있지만 사탕수수 두꺼비는 독성이 특히 강한 것으로 알려져 있으
며 알이나 올챙이도 독성을 띠고 있습니다.

학　명 : *Rhinella marina*
원산지 : 멕시코, 아마존이 원서식지. 호주, 하와이, 미국 동
　　　　부, 일본, 대만, 필리핀, 서인도 제도와 뉴기니섬에
　　　　까지 유입
크　기 : 평균 수컷 15㎝, 암컷 25㎝
생　태 : 반건조한 땅 위에서 생활, 식욕이 왕성함

케인 토드

Cane Toad

Coloring

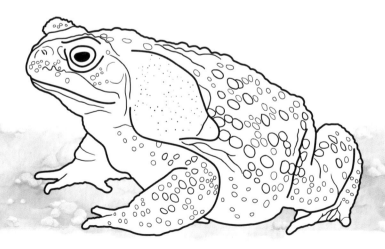

스무스 사이드 토드

Smooth-sided Toad

활동시기 　**먹이**

미끈 피부 두꺼비는 남미의 습지대나 열대우림 바닥에 서식하는 종으로 다른 두꺼비류에 비하여 매끈한 피부를 가지고 있습니다. 등은 밝은 갈색이지만 옆구리엔 진한 갈색의 무늬가 있어 등과 옆구리가 분리된 색상을 가지고 있습니다. 이들도 부포톡신(Bufotoxin)이라는 두꺼비 독을 지니고 있으나 온순한 편입니다.

학　명 : *Rhaebo guttatus*
원산지 : 남미
크　기 : 평균 20~23㎝
생　태 : 축축한 땅 위에서 생활

스무스 사이드 토드

Smooth-sided Toad

Coloring

파이어 살라만더

Fire Salamander

활동시기 🌙   먹이 🪱 🪱 🦗

불(꽃) 도룡뇽은 공식적으로 학계에 보고된 최초의 도룡뇽으로 *Slamandra salamandra* 라는 학명을 가지고 있습니다. 예전에 나무로 난방을 하던 시절에는 땔감 통나무 안에서 살라만 더가 기어 나오는 일들이 잦았습니다. 이런 모습에서 살라만더는 불 속에서 살 수 있으며 피부 에서 나오는 분비물로 불을 끈다는 오래된 속설이 생겨나게 되었고, 이름의 유래가 되었습니다. 눈 뒤쪽에 두꺼비처럼 독 분비선이 발달되어 있으며 독소인 사만다린(Samandarine)은 호흡 곤란과 함께 강력한 근육 경련과 고혈압을 유발합니다. 육상종으로 번식행동은 땅에서 이루어 지며 올챙이를 출산하는 난태생으로 번식을 위해서만 물로 들어갑니다.

학　명 : *Salamandra salamandra*
원산지 : 남부 및 중부 유럽, 서아시아 및 북부 아프리카 전역,
　　　　 모로코와 알제리, 터키, 레바논 해발 250~1,000m
　　　　 에서 주로 발견
크　기 : 평균 18~20㎝, 최대 28㎝
생　태 : 축축한 땅 위에서 생활

파이어 살라만더

Fire Salamander

Coloring

타이거 살라만더

Tiger Salamander

활동시기 🌙   먹이

범무늬 도롱뇽은 '타이거(Tiger)'라는 이름처럼 검은색 바탕에 노란색의 무늬가 있습니다. 이런 무늬는 선명한 대비를 가진 개체도 있지만 어두운 갈색에 흐린 노란색을 띠는 개체도 있습니다. 체형적 특징은 땅을 파헤치는 데 도움이 되는 넓고 납작한 머리에 작은 눈, 길고 두꺼운 꼬리를 가지고 있습니다. 자연 상태에서는 주로 딱정벌레, 지렁이, 귀뚜라미 등을 먹습니다. 땅을 파고 들어가 생활하는 종으로 두더지 도롱뇽(Mole Salamander)류에 속합니다. 땅속 2m 아래에서 발견된 개체가 있을 정도로 땅을 파는 능력이 뛰어납니다.

학　명 : *Ambystoma tigrinum*
원산지 : 북미 대륙에 광범위하게 서식. 드물게 캐나다
　　　　 남부와 멕시코 남부에서도 발견됨
크　기 : 평균 25㎝, 드물게 35㎝
생　태 : 땅속, 땅 위, 물과 육지를 오감

타이거 살라만더

Tiger Salamander

Coloring

마블드 살라만더

Marbled Salamander

활동시기 🌙   먹이 🪱 🐌 🦗

검은색 바탕에 흰색 혹은 은색의 밴드 무늬를 몸 전체에 걸쳐 가지고 있습니다. 밴드의 크기와 모양은 다양하며 불완전할 수 있습니다. 이 무늬는 커질수록 더 선명해집니다. 밴드의 색상 차이로 암수의 구별이 가능하며 회색이나 은색의 밴드는 암컷이고, 그에 비해 밴드가 밝고 흰색을 띠면 수컷입니다. 수영은 하지 못하며 번식 또한 땅 위에서 이뤄집니다. 축축한 땅 위에 알을 낳고 어미가 지키다 장마철이 되어 땅이 물에 잠기면 자연스레 물속에서 알이 부화되어 물속에서 올챙이 시절을 보냅니다.

학 명 : *Ambystoma opacum*
원산지 : 미국 남동부 전역, 텍사스 동부, 오클라호마, 일리노이, 플로리다, 뉴햄프셔
크 기 : 평균 8~10㎝
생 태 : 축축한 땅 위에서 생활, 수영은 못함

마블드 살라만더

Marbled Salamander

Coloring

스팟티드 살라만더

Spotted Salamander

활동시기  **먹이**

영문명으로 점박이 도롱뇽(Spotted Salamander)이라고 하면 본 종을 의미합니다. 체색은 주로 검정색이지만 간혹 어두운 회색이나 어두운 갈색 혹은 짙은 푸른색을 띠는 경우도 있으며 이름처럼 노란색의 동그란 무늬가 두 줄로 눈 뒤쪽에서 꼬리까지 이어져 있습니다. 머리 위쪽에 있는 점이 다른 부위의 점보다 붉은색이 조금 더 강한 경향이 있는데 개체에 따라 머리 위에 있는 점이 주황색을 띠기도 하며 배는 회색이나 옅은 황색을 띱니다.

학　명 : *Ambystoma maculatum*
원산지 : 미국 동부 및 캐나다
크　기 : 평균 15~25㎝
생　태 : 축축한 땅 위에서 생활

스팟티드 살라만더

Spotted Salamander

Coloring

레드 살라만더

Red Salamander

활동시기 🌙 **먹이**

국내 서식하는 이끼 도롱뇽과 마찬가지로 폐가 없는 도롱뇽과에 속하며 호흡은 완벽히 피부호흡으로만 이뤄집니다. 주황색부터 붉은색의 몸을 가지고 있으며 머리부터 꼬리까지 작은 검은 반점이 있습니다. 화려한 색상으로 피부에 독을 가진 것처럼 천적들을 속이지만 강한 독은 가지고 있지 않습니다. 야생에서는 주로 깨끗한 개울가나 숲에 서식하며 낮에는 바위 밑이나 죽은 나무 밑 등 축축한 흙에 파고들어 몸을 숨기고 있다가 밤이 되면 활동하는 야행성입니다. 이들은 카멜레온처럼 혀를 내밀어 곤충의 애벌레나 지렁이 또는 다른 작은 도롱뇽 등을 사냥합니다.

학 명 : *Pseudotriton ruber*
원산지 : 미국 동부
크 기 : 평균 11~18㎝
생 태 : 축축한 땅 위에서 생활

레드 살라만더

Red Salamander

Coloring

블루 스팟티드 살라만더

Blue-spotted Salamander

활동시기 ☾   먹이

푸른 점박이 도롱뇽은 미국의 오대호 지역에 서식합니다. 납작한 머리를 가지고 있으며 이 머리는 땅을 파는 데 유용하게 쓰입니다. 어릴 땐 갈색과 녹색의 몸 색을 가지다가 성체가 되면 몸은 검정색으로 변하고 희거나 푸르스름한 반점이 생겨납니다. 이런 반점은 각 도롱뇽마다 차이가 있으며 온몸이 검정색인 도롱뇽도 있습니다. 천적을 만나면 꼬리를 위로 들고 몸 위로 구부리는 행동을 하는데 이때 끈적한 우윳빛의 독성 점액질이 나와서 천적들에게 불쾌한 맛을 느끼게 하여 몸을 방어합니다.

학 명 : *Ambystoma laterale*
원산지 : 미국 북동부, 캐나다
크 기 : 평균 10~14㎝
생 태 : 습기가 많은 땅에 굴을 파거나 나무, 바위
         밑에서 생활

블루 스팟티드 살라만더

Blue-spotted Salamander

Coloring

멕시칸 살라만더

Mexican Salamander

활동시기 🌙 먹이

멕시코 도롱뇽의 또 다른 이름인 '엑솔로틀(Axolotl)'은 'atl(물)'과 'xolotl(미끄럽거나 주름진 것)'이 합쳐진 말로 '물에 사는 미끄럽고 주름진 괴물'이라는 의미를 가지고 있습니다. 국내에서는 일본에서 만든 '우파루파'라는 상업명도 많이 쓰이고 있습니다. 또한 어릴 때의 모습을 그대로 가지고 성체가 되는 유형성숙(Neoteny)으로 유명하기 때문에 '피터팬 도롱뇽(Peter Pan's Salamander)'이라는 별명으로도 불립니다. 잘린 신체가 재생되는 도롱뇽의 특징 때문에 실험동물로 최초로 도입되었으며 귀여운 외모로 관상용으로 가장 널리 사육되는 종이기도 합니다.

학　명 : *Ambystoma mexicanum*
원산지 : 멕시코 소치밀코 호수
크　기 : 평균 25~30㎝
생　태 : 완전 수생성으로 물 밖으로 나오는 일이 없음

멕시칸 살라만더

Mexican Salamander

Coloring

그레이터 사이렌

Greater Siren

활동시기 🌙　먹이 🪱 🐟

사이렌류는 원시적인 도롱뇽으로 여겨지고 있습니다. 이들은 몸이 길지만 뒷다리와 골반이 없으며, 작은 앞다리만 가지고 있습니다. 또한 아가미를 평생 동안 가지는 공통적인 특징을 가지고 있습니다. 대표적인 종 중 하나인 큰 사이렌(Greater Siren)은 북미에서 가장 큰 양서류 중 하나로, 완전히 수중에서 살아가는 도롱뇽입니다. 꼭 필요한 경우에만 짧은 거리의 육지를 이동할 수 있습니다. 앞다리는 연골로만 이루어져 있으며, 작은 발가락이 4개 있는데 아가미에 숨길 수 있을 정도로 작습니다. 이 종의 체색은 검은색에서 갈색까지 다양하며, 몸의 등면과 측면에는 노란색이나 초록색의 반점이 있습니다. 배는 밝은 회색이나 노란색입니다.

학　명 : *Siren lacertina*
원산지 : 미국 남부
크　기 : 평균 50~70㎝, 최대 1m 미만
생　태 : 완전 수생성이나 필요시 육상으로 이동

그레이터 사이렌

Greater Siren

Coloring

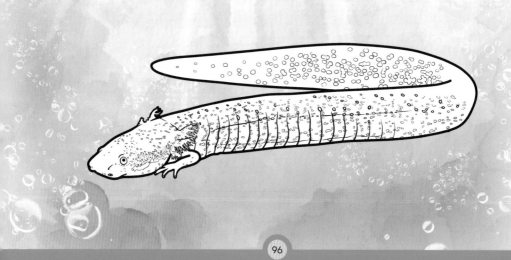

엠페러 뉴트

Emperor Newt

활동시기  먹이

황제 영원은 짙은 갈색이나 검은색으로 된 몸체에 주황색이나 황색으로 된 세 줄의 무늬가 있습니다. 이 무늬 중 하나는 머리 중앙에서 시작하여 척추 라인을 따라 꼬리까지 이어지고, 나머지 두 개는 두개골 측면에서 시작하여 척추 양 옆을 따라 둥근 주황색 무늬로 꼬리 시작 부분까지 이어집니다. 이 종은 독 분비샘을 가지고 있어 천적에게 공격당하면 흉곽을 확장하여 독을 분비합니다. 이 독은 7,500마리의 쥐를 죽일 수 있는 매우 강한 독성을 가지고 있습니다. 육상 생활을 주로 하나 수영에 능숙하며 번식은 물속에서 이뤄지며 한번에 최대 300개의 알을 낳습니다.

학 명 : *Tylototriton shanjing*
원산지 : 중국 윈난성 중남부 해발 1,000~2,500m
　　　　 사이의 산림
크 기 : 최대 20㎝
생 태 : 고산지대의 축축한 물가

엠페러 뉴트

Emperor Newt

Coloring

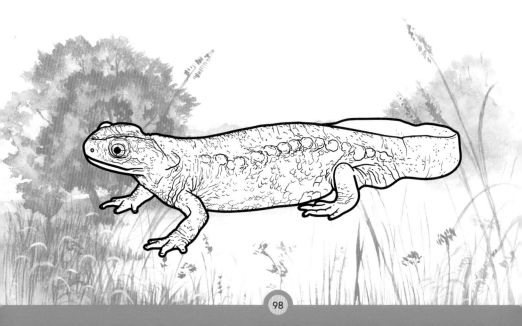

차이니즈 파이어 밸리 뉴트

Chinese Fire Belly Newt

활동시기 🌙 먹이

중국 불 배(배꼽) 도롱뇽은 다른 이름으로 '붉은 배 영원(Red Belly Newt)'이라고도 불립니다. 피부의 질감은 거칠고 광택이 없으며 어두운 갈색이거나 검은색을 띠며 눈 뒤쪽으로 독샘이 발달되어 있습니다. 붉은 배꼽 영원은 중국에서 서식하는 종과 일본에 서식하는 종이 있습니다. 차이점은 일본 종이 중국 종보다 크기가 좀 더 크고 연한 몸 색상에 독샘이 더 발달해 있으며 꼬리 끝이 좀 더 뾰족하고 피부의 돌기가 더 두드러진다는 것입니다.

학 명 : *Cynops orientalis*
원산지 : 중국 남부
크 기 : 평균 5~6㎝
생 태 : 완전 수생성이며, 느린 유속을 선호

차이니즈 파이어 밸리 뉴트

Chinese Fire Belly Newt

Coloring

마블드 뉴트

Marbled Newt

활동시기 🌙 먹이

대리석 영원은 갈색이나 검은색과 뒤섞인 불규칙한 녹색 패턴을 지니고 있습니다. 'European Green Newt'라는 다른 이름으로 불리는 이유는 몸의 상부에 녹색 비율이 높고 검은색 얼룩이나 둥근 점무늬가 관찰되기 때문입니다. 이 체색과 무늬는 네 다리에도 나타나며, 머리에서 꼬리 끝까지 척추선을 따라 주황색 줄무늬가 있습니다. 이런 무늬는 이끼가 있는 축축한 땅에서 완벽한 보호색 효과가 있습니다. 어린 개체들은 암수의 구별 없이 모두 이 무늬를 지니고, 암컷은 성체가 되어도 그대로 유지되지만 수컷은 성장하면서 희미해집니다. 배는 검은색이나 회색, 크림색으로 흰 점이 산재해 있습니다.

학　명 : *Triturus marmoratus*
원산지 : 남부 유럽 전역, 프랑스, 스페인, 포르투갈
크　기 : 평균 수컷 14㎝, 암컷 16㎝
생　태 : 물과 육지를 오가며 생활

마블드 뉴트

Marbled Newt

Coloring

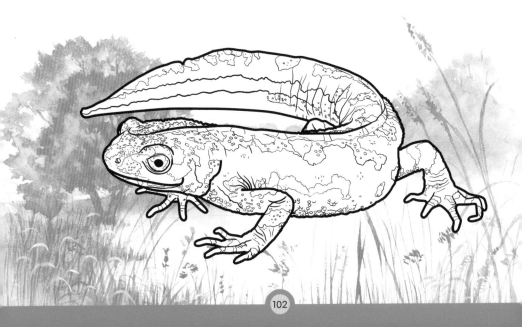

이스턴 뉴트

Eastern Newt

활동시기 🌙 먹이

'붉은 반점 영원'이라고도 불립니다. 미국 대륙에서 가장 광범위하게 서식하고 있으며 피부에 강한 독성(테트로도톡신, Tetrodotoxin)을 가지고 있는 영원입니다. 주로 축축한 숲이나 개울가에 서식하고 올챙이 때 물에서 바로 성체로 변태하거나 육지로 올라와서 땅 위 생활을 하다가 다시 물로 들어가는 과정을 겪습니다. 다 자란 어른 영원과 육상에 올라온 어린 새끼 영원은 몸의 색이 다릅니다. 어린 영원은 붉은색을 띠는 주황색 몸에 까만 테두리가 있는 붉은 반점을 가지고, 어른 영원이 되었을 때는 올리브색의 녹색으로 변하게 됩니다. 독성 또한 육상 생활을 하는 어린 영원이 어른 영원보다 강한 것으로 알려져 있습니다.

학 명 : *Notophthalmus viridescens*
원산지 : 북아메리카 동부
크 기 : 평균 7~13㎝
생 태 : 청소년기에는 육상에서 생활하다 성체가 되면 물에서 생활

이스턴 뉴트

Eastern Newt

Coloring

알파인 뉴트

Alpine Newt

활동시기 먹이

고산 영원은 해발 1,000m 이상 높은 고도에 서식하는 영원류로 유럽 전역에 서식하고 있습니다. 주로 물가 숲속에서 생활하며 번식기가 되면 물속에서 번식을 합니다. 번식기의 수컷이 푸르스름한 몸체에 등의 볏이 발달하고 배는 주황색으로 변하며 얼굴부터 옆구리에는 진한 푸른색 반점이 생겨 화려한 색으로 치장한 혼인 색을 띠는 것에 비해 암컷은 수수한 갈색을 띠고 암컷이 수컷보다 더 큽니다. 번식기 때 어른 영원은 물속 생활에 적합하게 넓적한 꼬리를 가지게 됩니다.

학 명 : *Ichthyosaura alpestris*
원산지 : 북유럽 중심
크 기 : 평균 7~13㎝
생 태 : 물가에서 생활하다 번식기 때 물속에서 생활

알파인 뉴트

Alpine Newt

Coloring

러프 스킨드 뉴트

Rough-skinned Newt

활동시기 **먹이**

거친 피부 영원은 두꺼비의 피부처럼 오돌토돌한 피부를 가지고 있습니다. 등은 어두운 적갈색부터 진한 갈색, 검은색이지만 배 부분은 밝은 노란색부터 주황색을 띠고 있습니다. 기본적으로 모든 영원류가 독을 가지고 있지만 이 종은 더 강한 독을 가진 것으로 알려져 있습니다. 야생에서 천적을 만나면 꼬리와 머리를 들어 올려 턱밑과 꼬리의 색을 보여 주며 자신에게 독이 있다는 것을 알리고 매캐한 냄새를 분비합니다. 대부분의 동물이 이 영원을 먹잇감으로 삼지 않지만 물뱀의 일종인 가터뱀은 이 영원의 독성에 면역이 있습니다.

학 명 : *Taricha granulosa*
원산지 : 알래스카 남동부에서 캘리포니아 중부 해안가를
따라 분포
크 기 : 평균 7~13㎝
생 태 : 물가에서 생활하다 번식기 때 물속에서 생활

러프 스킨드 뉴트

Rough-skinned Newt

Coloring

라오스 워티 뉴트

Laos Warty Newt

활동시기 　　**먹이**

라오스 사마귀 영원은 해발 1,100~1,500m의 고산지역 유속이 느린 개울에 서식합니다. 거친 사마귀가 난듯한 피부를 가지고 있으며 머리부터 몸통까지 세 줄의 줄무늬가 있습니다. 척추에는 좁은 무늬를, 양쪽은 좀 더 굵은 무늬를 가지고 있으며 색상은 노란색부터 주황색을 띱니다. 현지에서는 약재나 식용으로 사용되었고, 현재는 서식지 파괴로 그 수가 점점 줄고 있습니다. 특히 아름다운 외모로 관상용으로 사육하기 위해 밀거래가 성행하고 있기도 합니다.

학　명 : *Laotriton laoensis*
원산지 : 베트남 북부, 라오스 접경
크　기 : 평균 18~19㎝
생　태 : 주로 물속에서 생활

109

라오스 워티 뉴트

Laos Warty Newt

Coloring

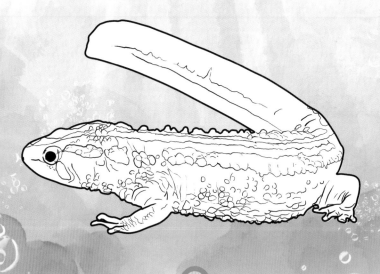